Raimund Eich

Sonne, Wind und Träumereien

Raimund Eich, Jahrgang 1950, lebt im Saarland.
Neben zwei Tatsachenromanen und Büchern mit heiteren und besinnlichen Gedichten und Geschichten hat er einige Werke veröffentlicht, in denen er sich insbesondere mit gesellschaftlichen und geisteswissenschaftlichen Themen befasst. Hierin lässt er auch naturwissenschaftliche und technische Aspekte in sehr anschaulicher Form mit einfließen. Daraus resultieren einzigartige Bücher, spannend, dramatisch, informativ und unterhaltsam zugleich.

Link zur Autorenseite auf Amazon.de:
https://www.amazon.de/Raimund-Eich/e/B004EBE93A/ref=sr_ntt_srch_lnk_1?qid=1506858139&sr=8-1

Dipl. Ing. Raimund Eich

Sonne, Wind und Träumereien

über Sinn und Unsinn der Energiewende

Impressum:

Bibliografische Information der Deutschen Nationalbibliothek:
Die Deutsche Nationalbibliothek verzeichnet diese Publikation in der Deutschen Nationalbibliografie; detaillierte bibliografische Daten sind im Internet über http://dnb.dnb.de abrufbar.

© 2020 Raimund Eich

Herstellung und Verlag:
BoD – Books on Demand, Norderstedt
ISBN: 9783751957984

Inhaltsverzeichnis

Zur Einstimmung 7
Wie alles begann 13
Grundsätzliches zur elektrischen
Energieversorgung 22
Energiebedarf rund um die Uhr … 28
Steuerung des Leistungsbedarfs.....................30
Sonne und Wind lassen sich nicht regeln 32
Nur mit Wind und Sonne … 36
Wohin mit der ganzen Sonnen- und
Windenergie? 41
Kraftwerke auf Basis von Kernenergie und
fossilen Brennstoffen 48
Elektromobilität - Fluch oder Segen? 53
Aufladen ... und kein Ende.........................57
Andere Nutzungsmöglichkeiten.....................60
Fazit...62

Zur Einstimmung

Um nicht schon wegen des Untertitels zu diesem Buch unter falschen Verdacht zu geraten: Ich bin Befürworter einer bestmöglichen Nutzung regenerativer Energiequellen! Da jedoch die Nutzung von Sonne und Wind nicht zum Nulltarif zu haben ist, möchte ich „bestmöglich" keinesfalls gleichsetzen mit „größtmöglich", denn eine sinnvolle und zweckmäßige Energienutzung sollte sowohl betriebswirtschaftlichen als auch volkswirtschaftlichen Aspekten Rechnung tragen. Schließlich müssen wir alle als Energieverbraucher die Zeche dafür zahlen.

Obwohl ich seit Jahren Bücher schreibe, verspüre ich als Elektroingenieur mit Studienschwerpunkt elektrische Energietechnik eigentlich nicht den Drang, ein Fachbuch schreiben zu wollen. Das möchte ich denen überlassen, die sich dazu berufen fühlen. Ich beschäftige mich in meinen Büchern dagegen bevorzugt mit existenziellen Fragen.

Und jetzt doch ein Buch über ein technisch anspruchsvolles und komplexes Thema? Ja, aber dennoch kein typisches Fachbuch, wie bereits dargelegt. Es soll vielmehr ein Buch sein, das sich mit technischen Aspekten in allgemeinverständlicher und nachvollziehbarer Form auseinandersetzt. Ein bisschen themenspezifischer

Humor und Satire sollen darin ebenfalls ihren Platz finden.

Um ehrlich zu sein, dieses Buch ist auch deshalb entstanden, weil ich so manchen geistigen Erguss einiger selbst ernannter Klima- und Planetenretter zu diesem Thema einfach nicht länger unkommentiert ertragen möchte.

Kennen Sie eigentlich den Unterschied zwischen Ideologie[1] und Idiotie[2]? Ich möchte ihn vereinfacht in etwa so definieren: Einem geistig Behinderten oder Minderbemittelten, der in früheren Zeiten, leider sehr despektierlich, tatsächlich als Idiot bezeichnet wurde, kann man keinen Vorwurf für die nicht selbst verschuldeten geistigen Defizite machen. Dagegen handelt ein Ideologe, der mit seiner Weltanschauung die Gesellschaft zu indoktrinieren[3] versucht, in vollem Bewusstsein und damit vorsätzlich.

Der klassische Ideologe ist grenzenlos davon beseelt, die Menschheit und unseren Planeten nach Gutmenschenart vor dem unweigerlichen Untergang zu retten, jedenfalls nach seiner unerschütterlichen Überzeugung, die er mit allen Mitteln zu rechtfertigen und umzusetzen versucht. Nichts und niemand kann ihn davon abbringen, und jedem Andersdenkenden fehlt nach seiner Überzeugung, ganz im Gegensatz zu ihm, der

---

[1] https://de.wikipedia.org/wiki/Ideologie
[2] https://de.wikipedia.org/wiki/Geistige_Behinderung
[3] https://de.wikipedia.org/wiki/Indoktrination

notwendige Weitblick. Andersdenkende gilt es daher mit allen Mitteln zu bekämpfen, um Gutmenschliches ungehindert begehen zu können. Der Ideologe fühlt sich als edler Geist, hilfreich und gut, und wer es wagen sollte, ihn von seiner Rettungsmission abzubringen, der wird ihn kennenlernen. Mutig und tapfer geht er dagegen an, so gibt er jedenfalls vor, wohl wissend, dass man in unserem Land für so manchen Unsinn nach Gutmenschenart ungefährdete Narrenfreiheit genießen kann. „Drum preise nicht als Tapferkeit, was Mangel an Gefährlichkeit!", könnte man dieses Phänomen mit wenigen Worten auf den Punkt bringen. So gesehen kann ein Anketten an Bahngleise oder ein Blockieren von Einsatzfahrzeugen im Michelland eher unter bühnenreife Show abgehakt werden. Der Menschheit- und Planetenretter weiß sehr genau, dass ihm dabei von der Obrigkeit kein Haar gekrümmt werden wird, zumindest nicht in Deutschland, weshalb er auch das Demonstrieren gegen alles Unheil auf dieser Welt bevorzugt hier praktiziert. Da das woanders, wo es tatsächlich dringend angebracht und notwendig wäre, echt gefährlich für ihn werden könnte, tummelt sich unser Held mit seinen segensreichen Aktivitäten viel lieber in sicheren heimischen Gefilden.

So hat ein beachtlicher Ideologenclan unser Land im Verlauf der letzten Jahrzehnte systematisch unterwandert. Man sitzt an wichtigen Schalthebeln der Macht und bedient diese nach

Belieben. Ideologische Systemtreue wird belohnt, Systemverweigerer dagegen werden gnadenlos ausgegrenzt. Dies gilt ausnahmslos für alle wichtigen politischen Themen, zu denen unter anderem auch die Energieversorgung unserer Industrienation zählt. Und auf diese möchte ich etwas näher eingehen und versuchen, den nach meiner festen Überzeugung teilweise massiv überzogenen „energetischen Wahnsinn" aufzuzeigen.

Was mich dazu bewegt und grundsätzlich qualifiziert, ist unter anderem neben dem bereits erwähnten Studium der Elektrotechnik eine vorgeschaltete Ausbildung zum Elektriker sowie einige Berufsjahre in einer Landesbehörde, die als Energieaufsichtsbehörde für die Umsetzung energierechtlicher und energiewirtschaftlicher Vorgaben und Anforderungen zuständig war. Hinzu kommen langjährige Erfahrungen in den Bereichen Umweltschutz bzw. Immissionsschutz sowie in der Prüfung und Förderung von Forschungs- und Entwicklungsprojekten.

Das vorliegende Buch möchte lediglich einige Denkanstöße zum grundsätzlichen Verständnis der Möglichkeiten und Grenzen einer sinnvollen Nutzung regenerativer Energiequellen vermitteln, deren Missachtung uns alle im wahrsten Sinne des Wortes teuer zu stehen kommen.

Komplexes technisches Fachwissen zumindest prinzipiell, möglichst umgangssprachlich und allgemeinverständlich zu vermitteln sowie auf grundsätzliche Probleme und deren Ursachen hinzuweisen, ist mir wichtig. Ich möchte mich damit auch von den zuweilen unerträglichen, meist nichtssagenden und oft nicht nachvollziehbaren Worthülsen von Politikern und selbst ernannten Energieexperten in Wort und Schrift abgrenzen, deren ausschließliche fachliche Qualifikation sich nicht selten darauf beschränkt, zu wissen, dass der Strom aus der Steckdose kommt. Doch was alles dafür notwendig und zu beachten ist, damit gemäß Paragraph 1 des Energiewirtschaftsgesetzes eine möglichst sichere und preisgünstige Energieversorgung gewährleistet werden kann, interessiert diese Herr- und Frauschaften weitaus weniger als die dort ebenfalls formulierte Forderung, dass sie zunehmend auf erneuerbaren Energien beruhen soll. Allerdings möchten viele den relativ weichen Begriff „zunehmend" am liebsten durch „ausschließlich" ersetzt wissen, wobei Hinweise von Fachleuten auf gravierende Probleme ignoriert oder gar in Abrede gestellt werden. Was diese Klientel durchaus nicht selten kennzeichnet ist ein Mangel an echtem Fachwissen, ihre unerschütterlichen ideologischen Zielsetzungen und der Vorteil, meist bar jeder unmittelbaren Verantwortung für eine gesicherte und preisgünstige Energieversorgung zu sein.

Schulische und berufliche Ausbildung sowie berufliche Werdegänge nicht weniger dieser Lichtgestalten sind durchaus nicht uninteressant. Man wird allerdings nicht sehr oft auf echte Fachleute stoßen, die eine entsprechend qualifizierte technisch-naturwissenschaftliche Ausbildung, entsprechende Berufserfahrungen und, was besonders wichtig ist, politische Neutralität vorweisen können. Weitaus mehr kennzeichnet sie, dass sie der eigenen Karriere wegen treu ergeben einem politischen System dienen, das bevorzugt Systemtreue und keine Andersdenkenden belohnt. Es liegt mir allerdings fern, alle unter Vernachlässigung der rühmlichen Ausnahmen gleichermaßen über einen Kamm scheren zu wollen. Aber in den paar Jahrzehnten im Öffentlichen Dienst, bei denen ich fast alle politischen Farben und Farbkombinationen unmittelbar miterleben durfte, hat sich dieser Eindruck jeden Tag mehr verfestigt.

Humor ist bekanntlich, wenn man trotzdem lacht, und der soll deshalb auch in diesem Buch nicht zu kurz kommen. Viel zu viele Fehlentwicklungen in unserem Land, bei weitem nicht nur die ideologisch vorangetriebene Energiewende, könnte ich ansonsten nicht ertragen. In diesem Sinn wünsche ich Ihnen eine hoffentlich erhellende und ein kleines bisschen auch erheiternde Lektüre.

Wie alles begann

Die Geburtsstunde einer Ideologie exakt zu definieren ist schwierig, aber nach meinem Empfinden war die Vorlage einer Studie des Club of Rome[4] mit dem Titel „Die Grenzen des Wachstums" im Jahr 1972 Startschuss für ein Umdenken auf dem Feld der Energieversorgung. Ein elitärer Club von internationalen Experten sagte unter anderem ein Versiegen verschiedener Rohstoffe noch im Verlauf des 20. Jahrhunderts voraus. Die Vorräte des Energieträgers Erdöl seien bereits nach zwanzig Jahren erschöpft, wurde damals im Brustton der Überzeugung prophezeit. Und heute? Fast ein halbes Jahrhundert nach der Prophezeiung kann von einem Versiegen oder einem Mangel noch immer keine Rede sein.

Selbstverständlich können auch Propheten irren, was durchaus keine Seltenheit ist, womit ich dem Verein der Erlauchten keineswegs mangelnde Sorgfältigkeit oder gar unredliche Absichten bei ihren damaligen Weissagungen unterstellen möchte. Doch an visionären Blicken in die Zukunft sind bekanntlich schon viele Wahrsager und Weltuntergangspropheten gescheitert. Wie auch immer, nach dieser Studie nahm die Kritik am

---

[4] https://de.wikipedia.org/wiki/Club_of_Rome

kontinuierlich wachsenden Energieverbrauch langsam aber sicher Fahrt auf.

Apropos Studien, ich bin offen gestanden ein Studienskeptiker, ohne jedoch ein erklärter Gegner derselben zu sein. Allerdings hatte ich während meiner jahrzehntelangen beruflichen Tätigkeit durchaus nicht selten mit derart geistigen Ergüssen zu tun. Nach meinen Erfahrungen sollte man sich bei Studien jedenfalls immer ein paar grundsätzliche Fragen stellen wie zum Beispiel: Wer hat die Studie aus welchem Grund in Auftrag gegeben, wer führt sie durch und wer bezahlt sie? Ohne hierauf näher eingehen zu wollen, ist die Annahme sicherlich nicht unbegründet, dass Auslöser für eine Studie immer bestimmte Absichten oder Zielsetzungen sind, und dass der Auftraggeber logischerweise seine Ideen, Vorstellungen oder Absichten im Rahmen einer Studie möglichst bestätigt haben möchte. Dem Auftragnehmer ist das selbstverständlich bekannt, und wenn der auch an weiteren Aufträgen interessiert sein sollte, wovon grundsätzlich auszugehen ist, wird er sich, durchaus nachvollziehbar, darum bemühen, möglichst auftraggebergerechte Studienergebnisse zu liefern. Und der Auftraggeber kann sich so bei einer anstehenden Entscheidung wiederum „guten Gewissens" auf die zugrunde liegenden Studienergebnisse von „neutralen Sachverständigen" berufen, ohne diesbezüglich grundsätzliche Kritik befürchten zu müssen. So ist allen Beteiligten letztlich gedient. Ob es auch eine Erklärung für die stetig gewachsene Flut von Beraterverträgen und Studien im Öffentlichen Dienst ist? Kein Kommentar!

Doch zurück zum eigentlichen Thema. Den ersten Energieschock erlebten die westlichen Industrienationen bereits 1973 mit der Ölkrise[5], also nur ein Jahr nach den Untergangsszenarien des Club of Rome. Dass diese Krise ursächlich politische Gründe hatte und ihr kein echter Mangel an Erdöl zugrunde lag, sei nur der Vollständigkeit halber erwähnt. Jedenfalls dokumentierte sie sehr anschaulich die starke Abhängigkeit des Westens von dieser Form fossiler Energie. Bundesweite Fahrverbote, Geschwindigkeitsbegrenzungen, ein Energiesicherungsgesetz und zielführende Maßnahmen zur Energieeinsparung, geistreich tituliert mit „Energiesparen - unsere beste Energiequelle“, waren eine durchaus notwendig und berechtigt erscheinende Folge. Damit war der Boden bereitet für neue Geschäftsbereiche, die sich dem bisher eher brachliegenden Feld der Energieeinsparung durch Otto Normalverbraucher widmeten, und ihm zum Beispiel passive Einsparmaßnahmen durch die Wärmedämmung von Häusern, energiesparendere Heizungen mit besseren Wirkungsgraden und vieles mehr anboten.

Doch dem in den 70ern ins Auge gefassten Beschluss, die relativ große Abhängigkeit von ausländischem Erdöl unter anderem auch durch

---

[5] https://de.wikipedia.org/wiki/Ölpreiskrise

einen verstärkten Netzausbau mit Kernkraftwerken zur Sicherung der heimischen Energieversorgung zu verringern, wurde durch die aufkeimende Anti-Atomkraft-Bewegung[6] zunehmend behindert. Diese nahm mit der folgenschweren Reaktorkatastrophe im ukrainischen Tschernobyl[7] in 1986 stark an Bedeutung zu, insbesondere in Deutschland, während andere Länder wie zum Beispiel unsere Nachbarn in Frankreich den Kernkraftausbau weiter forcierten. Das endgültige Aus für die Kernenergie in Deutschland wurde unmittelbar nach dem Reaktorunfall im japanischen Fukushima[8] infolge eines Tsunamis im Jahr 2011 eingeläutet.

Man kann zum Thema Kernenergie stehen wie man will, Fakt ist allerdings, dass die weltweit besten und sichersten Kernkraftwerke deutscher Bauart stillgelegt werden, obwohl diese mit den vorgenannten Reaktorunfällen weder in Bezug auf Bauweise und Sicherheitsstandards noch in Bezug auf die geografischen Gegebenheiten auch nur ansatzweise vergleichbar sind. Dass es in logischer Konsequenz bei deutschen Anlagen bis heute auch keine entsprechenden Vorfälle gegeben hat, ist ein Beleg dafür. Wie sinnvoll ist es

---

[6] https://de.wikipedia.org/wiki/Anti-Atomkraft-Bewegung

[7] https://de.wikipedia.org/wiki/Kernkraftwerk_Tschernobyl

[8] https://de.wikipedia.org/wiki/Kernkraftwerk_Fukushima_Daiichi

16

daher eigentlich, eine Kraftwerkstechnik aus Sicherheitsgründen pauschal und einseitig zu verteufeln, ungeachtet dessen, dass unsere Nachbarn unvermindert darauf setzen? Darauf möchte ich Ihnen und mir eine Antwort ersparen.

Vergleiche hinken bekanntlich, weil Ähnliches nun mal nicht dasselbe ist. Das gilt für alle Vergleiche, aber mich mutet dieses Vorgehen in etwa so an, als wolle man die weltweit besten deutschen Automobile deshalb stilllegen, weil ausländische Fahrzeuge mit nicht annähernd vergleichbaren Sicherheitsstandards auf unsicheren Straßen dort ursächlich für eine zunehmende Zahl von Verkehrsunfällen sind.

Doch die deutschen Geisterreiter einer ökologischen Energiewende machen bekanntlich auch nicht vor konventionellen Kraftwerken[9] halt, die mit fossilen Brennstoffen[10] wie beispielsweise Steinkohle oder Braunkohle betrieben werden. Auch damit hat man unserem heimischen Bergbau den Todesstoß versetzt, obwohl noch sehr große Mengen fossiler Brennstoffe im Boden lagern.

Der Ideologenkampf gegen Kohlekraftwerke aus Gründen des Umweltschutzes lässt allerdings vollkommen außer Acht, dass man damit den ursächlichen Zielsetzungen, nämlich einer Verrin-

---

[9] https://de.wikipedia.org/wiki/Kraftwerk
[10] https://de.wikipedia.org/wiki/Fossile_Energie

gerung der Abhängigkeit von Primärenergie aus dem Ausland, keineswegs gerecht wird.

Keine Sorge, wir wollen ja unserer Energieabhängigkeit vom Ausland durch massive Nutzung regenerativer Energiequellen, sprich Sonne, Wind und Wasser, erfolgreich entgegenwirken, so oder so ähnlich würden uns vermutlich die Umwelt-, Klima- und Planetenretter zu beruhigen versuchen. Warum derartige Beschwichtigungsversuche jedoch an der Realität vorbeigehen, darauf werde ich in den folgenden Kapiteln näher eingehen.

Vorsorglich möchte ich noch einmal darauf hinweisen, dass ich in diesem Buch ganz bewusst umgangssprachliche Begriffe zum Thema Energieversorgung verwende, wohl wissend, dass diese fachlich nicht immer korrekt sind. Wenn zum Beispiel von Energie- oder Stromverbrauch die Rede ist, dann rümpft so mancher ausgewiesene Experte völlig zu Recht die Nase und verweist auf den ersten Hauptsatz der Thermodynamik, auch als Energieerhaltungssatz bezeichnet. Dieser besagt sinngemäß, dass Energie nicht verbraucht, sondern immer nur von einer Energieform in eine andere umgewandelt werden kann. Selbst diese allgemeinverständliche Erklärung würde bei akademischen Eliten vermutlich kein Wohlgefallen auslösen. Sei´s drum, ich bleibe dennoch dabei.

Da man die elektrische Energie in ihrer gesamten Komplexität - insbesondere in Bezug auf das Entstehen und die Auswirkungen elektromagnetische Felder - als Fachfremder wohl kaum umfassend zu überschauen vermag, möchte ich anhand von zwei anschaulichen Vergleichen versuchen, Ihnen die Möglichkeiten und Grenzen des Transports von elektrischer Energie aufzuzeigen.

In einer einfachen Prinzipskizze auf der nächsten Seite ist ein kleines Wasserversorgungsnetz dargestellt, das aus drei Wasserquellen Q1 - Q3 gespeist wird und vier Wasserverbraucher V1 - V4 versorgt.

Nehmen wir an, dass dieses Netz so ausgelegt ist, dass die Wasserversorgung auch bei Ausfall einer der drei Quellen sichergestellt werden kann. Man nennt dies das n-1-Prinzip, das eine vergleichsweise hohe Versorgungssicherheit gewährleistet.

Man kann über dieses Leitungsnetz grundsätzlich nur so viel Wasser einspeisen und transportieren, wie an den Entnahmestellen abfließen kann, wobei die Transportkapazität durch die Leitungsquerschnitte vorgegeben und damit entsprechend begrenzt ist.

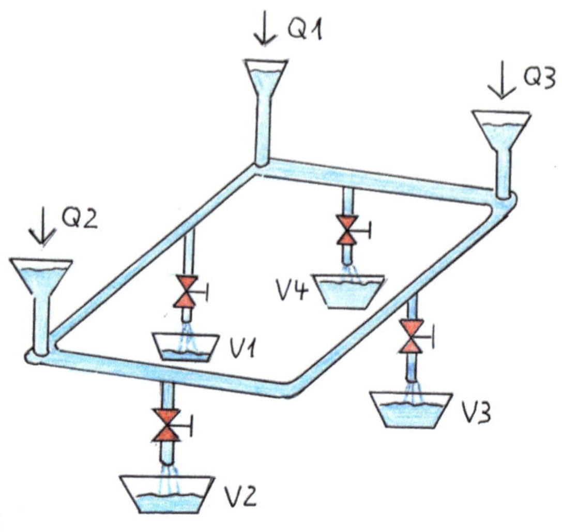

Sind beispielsweise die rot skizzierten Absperrventile alle ganz aufgedreht, so entspricht das einem maximalen Wasserbedarf der vier Verbraucher, der über die Einspeisequellen gedeckt werden muss. Verringert sich jedoch der Wasserverbrauch wesentlich, indem ein oder mehrere Absperrventile ganz oder teilweise abgedreht werden, so muss auch die Wassereinspeisung an den Quellen entsprechend reduziert werden. Mit anderen Worten, Einspeisungen in dieses Verbundsystem müssen jederzeit auf den Bedarf an den Entnahmestellen abgestimmt werden. Dies gilt grundsätzlich auch für das elektrische Verbundnetz.

Im nächsten Kapitel möchte ich die Problematik des Transports von elektrischer Energie über das elektrische Verbundnetz[11] auch in einem prinzipiellen Vergleich mit dem öffentlichen Straßenverkehrsnetz aufzeigen, da beide Systeme diesbezüglich durchaus Parallelen aufweisen.

---

[11] https://de.wikipedia.org/wiki/Verbundnetz

Grundsätzliches zur elektrischen Energieversorgung

Alle Verbraucher werden über das Stromnetz[12] mit elektrischer Energie versorgt. Dieses Versorgungsnetz mit seinen verschiedenen Spannungsebenen, angefangen von der Höchstspannung mit 380.000 Volt bzw. 220.000 Volt (380/220 kV) über die Hoch- und Mittelspannungsebene bis hinunter zur Niederspannung von 400/230 Volt, mit der unsere Haushalte versorgt werden, lässt sich grundsätzlich mit einem Straßennetz[13] vergleichen, das Autobahnen, Bundesstraßen, Landstraßen sowie Kreis- und Gemeindestraßen umfasst.

Autobahnen dienen primär dem nationalen und internationalen Schnell- bzw. Fernverkehr, während Bundesstraßen auf den großräumigen überregionalen Verkehr zwischen Bundesländern ausgerichtet sind. Landstraßen sind dagegen für den regionalen Verkehr (Durchgangsverkehr) von Bedeutung, während Kreis- und Gemeindestraßen für den Verkehr in und zwischen benachbarten Kommunen konzipiert sind.

Autobahnen sind, vereinfacht formuliert, dafür ausgelegt, eine Vielzahl von Fahrzeugen (also

---

[12] https://de.wikipedia.org/wiki/Stromnetz
[13] https://de.wikipedia.org/wiki/Straßennetz

große Transportmengen) über relativ weite Strecken möglichst schnell und ungehindert zu transportieren, was über relativ breite Trassen mit mehreren Fahrspuren ermöglicht wird. Ähnliches gilt beim Stromnetz für die Hoch- und Höchstspannungsebene, über die relativ große elektrische Leistungen über relativ weite Strecken transportiert werden.

Die folgende Tabelle charakterisiert eine anschauliche Vergleichsbasis für alle verschiedenen Netzebenen, wobei bewusst pauschale Angaben bezüglich der Transportkapazitäten gewählt wurden, da beispielsweise die Dimensionen innerörtlich bzw. relativ geringe Mengen bei einer Millionenstadt selbstverständlich nicht mit denen einer kleinen Gemeinde mit einigen Tausend Einwohnern vergleichbar sind.

Transport-kapazitäten	Öffentliches Straßennetz	Stromversorgungsnetz
sehr große Mengen über weite Strecken	Autobahn	Höchstspannung 380 / 220 kV
große Mengen großräumig	Bundes-straßen	Hochspannung 110 kV
mittlere Mengen überregional	Landstraßen	Mittelspannung 35 / 20 kV
relativ geringe Mengen regional	Kreisstraßen	Mittelspannung 10 kV
geringe Mengen kommunal	Gemeinde-straßen	Niederspannung 400 /230 V

Die Vergleichstabelle verdeutlicht, dass die Übertragungskapazitäten für elektrische Energie in hohem Maße abhängig sind von der angelegten Netzspannung, da sich die elektrische Leistung[14] ebenso wie die elektrische Energie[15] proportional dem Produkt aus Spannung und Stromstärke verhalten. Mit anderen Worten, je höher die Spannung und der Strom, umso höher ist die elektrische Leistung bzw. Energie.

Um eine bestimmte elektrische Leistung zu übertragen, könnte man diese beispielsweise mit einer möglichst hohen Spannung bei möglichst geringem Strom, aber auch mit möglichst geringer Spannung bei möglichst hohem Strom transportieren. In beiden Fällen wäre das Ergebnis unterm Strich zwar das gleiche, wobei ein Transport mit hohen Strömen jedoch entsprechend große Leitungsquerschnitte und damit auch hohe Leitungskosten zur Folge hätte. Der Transport großer elektrischer Leistungen über weite Strecken erfolgt daher grundsätzlich mit höchstmöglicher Spannung. So lässt sich eine Kraftwerksleistung von etwa 700 - 1.000 Megawatt (1 MW = 1 Million Watt) mit einer Hochspannungsfreileitung 380 kV über Hunderte von Kilometern übertragen. Aber warum ist es überhaupt notwendig, derart hohe Leistungen über weite Strecken zu transportieren?

---

[14] https://de.wikipedia.org/wiki/Elektrische_Leistung
[15] https://de.wikipedia.org/wiki/Elektrische_Energie

Bleiben wir zur Beantwortung dieser Frage bei den konventionellen Kraftwerken, bei denen fossile Primärenergie[16] in Form von Kohle, Öl oder Gas im Kraftwerk verbrannt wird, um daraus Dampf zu erzeugen, der über Dampfturbinen einen elektrischen Generator zur Energieerzeugung antreibt. Um über einen längeren Zeitraum in Betrieb bleiben zu können, verfügt jedes Kraftwerk über ein Vorratslager an Brennstoffen mit einer bestimmten Lagerkapazität, das letztlich einen Primärenergiespeicher mit sehr hohem Fassungsvermögen (Tonnenangaben im sechsstelligen Bereich) darstellt.

Ein Kilogramm Steinkohle bzw. ein Liter Öl oder ein Kubikmeter Gas enthalten etwa ähnlich große nutzbare Energiemengen in einer Größenordnung von 9-10 Kilowattstunden und damit ein Mehrfaches an Speicherkapazität im Vergleich zu den Abmessungen bzw. zum Gewicht eines adäquaten Akkumulators[17] zum Speichern elektrischer Energie, natürlich in Abhängigkeit von der Art der verwendeten Speicherbatterie. Dies ist und bleibt ein Kernproblem bei der Speicherung von elektrischer Energie, wie jeder, der selbst batterie- oder akkubetriebene Geräte nutzt, aus eigener leidvoller Erfahrung sicherlich weiß. Darauf werde ich an anderer Stelle noch etwas ausführlicher eingehen.

---

[16] https://de.wikipedia.org/wiki/Fossile_Energie
[17] https://de.wikipedia.org/wiki/Akkumulator

Doch zurück zum vorgenannten Energietransport. Es ist grundsätzlich nicht immer zweckmäßig oder möglich, die notwendige Energie genau dort zu erzeugen, wo sie benötigt wird bzw. sie dort zu nutzen, wo sie erzeugt wird. Nehmen wir zum Beispiel ein Wasserkraftwerk in der Alpenregion, das die dort erzeugte Energie mangels entsprechendem Energiebedarf vor Ort nicht unmittelbar abgeben kann. Genau so wenig sinnvoll wäre es andererseits, ein konventionelles Kraftwerk am Ort des Bedarfs zu errichten, wenn der notwendige Transport von fossilen Brennstoffen einen unverhältnismäßig hohen und damit unwirtschaftlichen Aufwand erfordern würde. Daher werden Kraftwerke sinnvoller Weise bevorzugt dort errichtet, wo eine Kosten-Nutzen-Analyse den Ausschlag entweder zugunsten eines Primärenergietransports oder zugunsten eines Leitungstransports der erzeugten elektrischen Energie gibt. Hinzu kommen noch eine Reihe anderer Aspekte, beispielsweise Standortvoraussetzungen und sonstige Gegebenheiten vor Ort betreffend. Noch einmal kurz zusammengefasst: Energie nur dort zu verwenden, wo sie erzeugt wird, oder nur dort zu erzeugen, wo sie benötigt wird, ist nicht immer möglich oder zweckmäßig.

Aus diesem Grund gibt es Verbundnetze[11], die gewährleisten, dass die notwendige elektrische Energie immer dort in notwendigem Umfang zur Verfügung steht, wo sie gerade benötigt wird. Zudem wird durch das Verbundnetz ein Höchstmaß an Versorgungssicherheit sichergestellt, da eine netzförmige Verbindung gewährleistet, dass bei plötzlichem Ausfall eines Kraftwerks oder einer Transportleitung die notwendige Leistungsbereitstellung über andere Kraftwerke oder Leitungswege verzögerungsfrei erfolgen kann. Auch hier gilt das in vorgenanntem Beispiel für ein Wassernetz erwähnte n-1-Prinzip.

Für diese Versorgungssicherheit und Netzstabilität war das deutsche Stromversorgungsnetz lange Zeit ein Garant, bis die eingangs erwähnten Energiewende-Experten auf den Plan traten, um Deutschland möglichst umfassend mit regenerativer Energie zu versorgen, mit Wasser, Wind und Sonne, die nicht nur höchst umweltfreundlich, sondern auch (scheinbar) unbegrenzt und kostenlos zur Verfügung stehen. Warum dies jedoch zum Teil massive Probleme bereitet, möchte ich in den nächsten Kapiteln näher erläutern.

Energiebedarf rund um die Uhr ...

... das gilt insbesondere für die elektrische Energie. Selbst wenn Sie in Ihrem Bett nachts friedlich schlummern, verbrauchen Sie, oder besser gesagt Ihr Haushalt, Strom. Denken Sie beispielsweise an Ihre Heizung im Winter. Selbst wenn es eine Öl- oder Gasheizung sein sollte, wird der Brenner elektrisch gezündet und die Umwälzpumpe tut´s auch nicht ohne Strom. Aber auch Haushaltsgeräte wie Kühl- und Gefrierschränke sind ununterbrochen am Netz. Auch der Stand by Betrieb elektronischer Geräte oder die Smartphones, die über Nacht aufgeladen werden, verbrauchen ebenfalls „Saft". Denken Sie aber auch an öffentliche Einrichtungen, an die Straßenbeleuchtung, an Verkehrampeln und -schilder etc. oder an soziale Einrichtungen und Unternehmen, die rund um die Uhr zum Teil große Mengen an elektrischer Energie benötigen. Mit anderen Worten: Wir verbrauchen an 365 Tagen á 24 Stunden pro Tag, also an 8.760 Stunden im Jahr, unentwegt elektrische Energie, wobei in den Schaltjahren nochmals 24 Stunden hinzukommen, die aber bei unserer grundsätzlichen Betrachtung vernachlässigbar sind.

Allerdings schwankt der Bedarf an elektrischer Energie über den Tag bzw. übers Jahr verteilt nicht unerheblich. Bezogen auf einen Haushalt beispielsweise ist der Bedarf morgens, um die Mittagszeit und gegen Abend relativ hoch, während er nachts entsprechend gering ist. Und im Winter ist der Bedarf wegen des Heizungsbetriebs und der längeren Beleuchtung grundsätzlich höher als im Winter.

Da das Stromversorgungsnetz ein reines Transportnetz ist und selbst keine elektrische Energie speichern kann, muss die jeweils benötigte Energie exakt zum jeweils benötigten Zeitpunkt bereitgestellt werden. Doch wie lässt sich das bewerkstelligen? Darüber mehr im nächsten Kapitel.

Steuerung des Leistungsbedarfs

Der elektrische Leistungsbedarf schwankt im Tagesverlauf erheblich, wobei, wie bereits erwähnt, vormittags gegen 8 Uhr, am frühen Nachmittag gegen 13 Uhr und insbesondere abends gegen 19 Uhr Leistungsspitzen[18] im Netz auftreten. Und in den Wintermonaten besteht grundsätzlich ein höherer Leistungsbedarf als im Sommer.

Da das elektrische Leitungsnetz keine Energie speichern kann, muss die Energieerzeugung übers ganze Jahr immer so geregelt werden, dass sie die dem jeweiligen Leistungsbedarf/Lastprofil[19] entsprechende Leistung simultan ins Netz einspeist.

Während Kernkraftwerke, bedingt durch ihre Regelträgheit und die vergleichsweise günstigen Kosten für den Brennstoffeinsatz, sowie Laufwasserkraftwerke sich insbesondere für eine Grundlastversorgung eignen, übernehmen Kohle- und Gaskraftwerke überwiegend die Versorgung der Mittellast. Zur Abdeckung von Leistungsspitzen kommen insbesondere schnell regelbare Pumpspeicherwerke und Gasturbinenkraftwerke zum Einsatz.

Die Lastregelung erfolgt durch den unterschiedlichen Einsatz der verschiedenen Kraft-

---

[18] https://de.wikipedia.org/wiki/Spitzenlast
[19] https://de.wikipedia.org/wiki/Lastprofil

werkstypen (Kraftwerksmanagement). Eine sehr anspruchsvolle und komplexe Aufgabe, die entsprechend gut funktionierende Regelmechanismen erfordert. Nicht nur der Deckung des jeweiligen Leistungsbedarfs, sondern auch der Stabilität der Netzfrequenz[20] ist hierbei besondere Bedeutung beizumessen. Denken Sie beispielsweise an zeit- und damit frequenzgesteuerte elektrische Geräte, Uhren, Radiowecker etc., wobei die zwangsläufig daraus resultierenden zeitlichen Abweichungen alleine nicht das Problem wären. Weitaus gravierender ist, dass eine sinkende oder steigende Netzfrequenz auf Instabilitäten im Netz zurückzuführen ist, die entweder Lastabwürfe von Energieverbrauchern oder die Abschaltung von Energieerzeugern zur Folge haben können.

Durch den verstärkten Ausbau von Windkraft- und Photovoltaikanlagen zur Stromversorgung - insbesondere nach dem Reaktorunfall in Fukushima und dem daraus resultierenden Beschluss, aus der Kernenergie auszusteigen - stößt die im vorigen Absatz dargestellte klassische Energieversorgung mit ihrer seit vielen Jahrzehnten bewährten Netzstruktur jedoch zunehmend an Grenzen. Dies wird allerdings vonseiten der Verfechter einer ausschließlich regenerativen Energieversorgung oft und gerne in Abrede gestellt. Warum es dennoch zutrifft, darüber mehr im nächsten Kapitel.

---

[20] https://de.wikipedia.org/wiki/Netzfrequenz

Sonne und Wind lassen sich nicht regeln

Ob, wann, wo und in welcher Intensität die Sonne scheint und der Wind bläst, das regeln ausschließlich der Sonnen- und der Windgott. Erbauern und Betreibern von Solar- und Windkraftanlagen bleibt es lediglich vorbehalten, die bestmöglichen Standorte dafür auszuwählen. Diesbezüglich können die Experten durchaus auf ein umfassendes Wissen und reiche Erfahrungen zurückgreifen.

Es liegt sicherlich auf der Hand, dass nicht jeder kurzzeitige Sonnenstrahl oder nicht jedes laue Lüftchen derartige Anlagen zu einer nennenswerten Energieerzeugung „bewegen" können. Aber wie groß ist eigentlich übers Jahr betrachtet der zeitlich nutzbare Anteil für Wind und Sonne? Wir erinnern uns an die 8.760 Stunden, auf die es ein handelsübliches Jahr bringt. Würde ein Kraftwerk beispielsweise übers ganze Jahr mit voller Leistung ins Netz einspeisen können, was eine rein hypothetische Annahme ist, dann könnte es stolze 8.760 Volllaststunden[21] aufweisen. Tatsächlich erreichen Kraftwerke allerdings weitaus geringere Werte, was insbesondere vom Kraftwerkstyp abhängt. Während Kernkraftwerke mit bis zu 7.000

---

[21] https://de.wikipedia.org/wiki/Volllaststunde

Benutzungsstunden vergleichsweise gut abschneiden, kratzen Pumpspeicher gerade mal an der 1.000 Stunden-Marke.

Ähnlich mager schneiden Photovoltaikanlagen im Durchschnitt ab, während es die Windkraft an Land immerhin auf über 2.000 Stunden bringen kann. Unterm Strich sind diese Anlagen dennoch „meilenweit" von einem rund um die Uhr Betrieb entfernt, wobei Offshore-Windkraftanlagen mit etwa 4.000 Stunden zwar deutlich besser abschneiden, aber dennoch übers ganze Jahr gesehen mehr als die Hälfte der Zeit keine Energie erzeugen, von Transportproblemen bei der Abführung der Offshore-Windenergie mal ganz abgesehen.

Mit anderen Worten: Selbst wenn man noch so viele Windkraft- und Solaranlagen installieren würde, könnten sie den elektrischen Leistungsbedarf übers ganze Jahr nicht annähernd decken! Die bedarfsgerechte Bereitstellung von elektrischer Leistung bzw. Energie lässt sich ohne einen ausgewogenen Mix an Grundlast-, Mittellast- und Spitzenlastkraftwerken nicht bewerkstelligen.

Spätestens an dieser Stelle muss auf den Unterschied zwischen der elektrischen Leistung und der elektrischen Energie hingewiesen werden, wobei die Leistung in Watt bzw. Kilowatt (kW) und die Energie in Kilowattstunden (kWh) gemessen wird. Ich hatte Ihnen zwar eingangs versprochen, Sie nicht mit kompliziertem Formelkram zu konfrontieren, muss aber an dieser Stelle des besseren Verständnisses wegen meinem Vorsatz ein bisschen untreu werden. Ich werde mich allerdings auf zwei relativ einfache Formeln beschränken.

Für die Berechnung der elektrischen Leistung (Formelzeichen P) bei Gleichstrom und einphasigem Wechselstrom gilt:

$$P = U \times I$$

U steht hier für die angelegte elektrische Spannung, die in Volt (V) gemessen wird, und I ist ein Maß für die Stromstärke, gemessen in Ampere (A).

Die elektrische Arbeit bzw. Energie (Formelzeichen W) wird wie folgt berechnet:

$$W = P \times t$$

t ist ein Zeitmaß, gemessen in Stunden (h). Die auf den ersten Blick vielleicht merkwürdig erscheinenden Formelzeichen resultieren aus den englischen Begriffen für Leistung (Power, abgekürzt mit P), Arbeit (Work, abgekürzt mit W) und Zeit (Time, abgekürzt mit t).

Ich möchte es anhand eines anschaulichen Beispiels verdeutlichen: Wenn Sie einen elektrischen Heizstrahler mit einer Anschlussleistung von 2.000 Watt (2 kW) eine Stunde lang ununterbrochen betreiben würden, würde daraus ein Verbrauch von 2 kWh resultieren. Den gleichen Verbrauch hätten Sie auch, wenn Sie stattdessen 10 Strahler zusammen nur zu einem Zehntel der

Zeit, also nur 6 Minuten, lang betreiben würden. Doch dafür würden Sie die zehnfache elektrische Leistung, also 20 kW benötigen. Mit Mühe und Not können Sie jedoch gerade mal 2 Geräte an einem haushaltsüblichen Stromkreis bzw. an einer Steckdose betreiben, weil dieser üblicherweise mit einer Sicherung von 16 Ampere (A) als Maß für die höchstzulässige Stromstärke abgesichert ist. Sie könnten somit eine Leistung von 16 (A) x 230 (V) = 3.680 Watt = 3,68 Kilowatt abgreifen, in der Hoffnung, dass die Sicherung die knapp zehnprozentige Überlastung eine Stunde lang problemlos mitmacht.

Um jedoch 10 Geräte gleichzeitig betreiben zu können, bräuchten Sie 5 voneinander unabhängige Steckdosenstromkreise und selbstverständlich auch einen elektrischen Haushaltsanschluss, der Ihnen einen Leistungsbezug von 20 kW (10 x 2 kW) ermöglicht, was mit einem Standardzähler für einphasigen Wechselstromzähler allerdings nicht möglich wäre, da der eine Stromstärke von insgesamt 80 Ampere (5 x 16 A) nicht verkraften würde.

Aber wer betreibt denn schon zehn Heizstrahler gleichzeitig, werden Sie sich jetzt vielleicht fragen. Deshalb möchte ich Ihnen im nächsten Kapitel noch ein anderes Beispiel präsentieren.

Nur mit Wind und Sonne ...

... geht es leider nicht, könnte man diese Überschrift beantworten. Wir bleiben der Einfachheit halber beim Energie- und Leistungsbedarf für einen Haushalt bzw. für ein Einfamilienhaus, denn für größere industrielle und gewerbliche Abnehmer oder für soziale Einrichtungen etc. wären die Probleme deutlich komplexer. Für eine Photovoltaikanlage mit einer Leistung in einer Größenordnung von 5 - 6 kW schlagen im Durchschnitt insgesamt etwa 7.000 - 9.000 Euro zu Buche, wobei diese Angaben nur einen groben Richtwert darstellen und im Einzelfall - je nach Anlage, Hersteller und örtlichen Gegebenheiten - nicht unerheblich davon abweichen können. Dazu benötigt man eine nutzbare Fläche für Solarmodule von etwa 40 - 50 Quadratmetern und könnte im Jahr elektrische Energie in einer Größenordnung von etwa 4.000 - 5.000 kWh erzeugen. Dies entspricht in etwa dem durchschnittlichen Jahresbedarf eines Haushaltes mit 4 Personen.

Wunderbar, mögen Sie jetzt vielleicht denken, *dann lasse ich mir so eine Anlage installieren und brauche keinen öffentlichen Energieversorger mehr.* Leider müsste ich Sie diesbezüglich enttäuschen, was ich an anderer Stelle noch etwas näher erläutern werde.

Nehmen wir trotzdem mal beispielhaft an, Sie wären energieautark und stünden an Ihrem Elektroherd, um ein tolles Abendmenü für geladene Gäste zu bereiten. Drei Heizplatten wären dafür in Betrieb, wofür Sie schon mal eine elektrische Leistung in einer Größenordnung von 6 kW benötigen würden. Gleichzeitig würden weitere 18 kW zu Buche schlagen, wenn ein Familienmitglied währenddessen ausgiebig duschen und das Wasser mit einem elektrischen Durchlauferhitzer erwärmt werden würde. Wenn dann noch jemand bei abendlicher Festbeleuchtung mit einem Staubsauger durch die Wohnung fetzen würde, dürften Sie nochmals ca. 1 kW Leistung dafür verbuchen. Unterm Strich würden Sie ihrem Hausanschluss also eine Leistung von etwa 25 kW abverlangen. Der Energiebedarf dürfte, je nach dem, wie lange gekocht, geduscht und gesaugt wird, in einer Größenordnung von insgesamt etwa 10 Kilowattstunden liegen, zum Beispiel ca. 6 kWh für eine Stunde Kochen, etwa 3 - 3,5 kWh fürs Duschen und den Rest für Staubsaugen und Beleuchtung. Rein vom Energiebedarf her betrachtet zwar noch überschaubar, aber Ihren sehr hohen elektrischen Leistungsbedarf könnten Sie nur über einen entsprechend leistungsfähigen Drehstromanschluss decken.

Alleinige Angaben zur Energieerzeugung sind letztlich also nur die halbe Wahrheit. Ausnahmslos in allen Fällen ist zu berücksichtigen, mit welchen Leistungsanforderungen der Energiebedarf verbunden ist und dass diese Leistung auch jederzeit gedeckt werden kann. Dies wird vonseiten der Ökostromverfechter, die sich gerne damit schmücken, dass bereits über die Hälfte des jährlichen Energiebedarfs aus regenerativer Energieerzeugung gedeckt wird, allerdings nicht gerne erwähnt. Zur Abdeckung hoher Leistungen und Lastspitzen im Netz kann nämlich nicht auf den Einsatz anderer Kraftwerke verzichtet werden.

Doch bleiben wir bei unserem Beispiel. Alleine mit Ihrer Fotovoltaikanlage könnten Sie höchstens die Herdplatten betreiben, vorausgesetzt, dass zu relativ später Stunde noch strahlender Sonnenschein herrschen und Ihre Anlage auch die relativ hohe elektrische Leistung bereitstellen könnte. Alles andere wie warme Duschen oder Staubsaugen könnten Sie jedoch vergessen. In der dunklen Zeit wäre Ihnen noch nicht einmal das Kochen möglich, wenn sich die Sonne, soweit zuvor überhaupt am Himmel sichtbar, bereits zur Ruhe begeben hätte. Auch wenn Sie Geld und Platz für ein Mehrfaches an Kollektoren und Windräder im Überfluss hätten, könnten Sie die Sonne dennoch nicht dazu bewegen, auch nur eine Sekunde länger zu scheinen. Und auf die Windkraft hätten Sie ebenfalls nicht den geringsten Einfluss.

Doch was könnten Sie beispielsweise tun, um dieses Problem zu lösen? Guter Rat ist bekanntlich teuer, und ein guter Rat wäre in diesem Fall, neben Solarkollektoren und/oder Windrad auch noch einen ausreichend großen und entsprechend leistungsstarken Speicher für elektrische Energie zu installieren. Doch wäre damit das Problem tatsächlich gelöst? Allenfalls dann, wenn Sie dem Speicher tatsächlich stolze 25 kW Leistung (siehe Seite 37) abverlangen könnten, was allerdings dem Mehrfachen einer üblichen Anlage entsprechen würde und somit alleine wegen der damit verbundenen Investitionskosten eher als unrealistisch einzustufen wäre. Aber nehmen wir dennoch mal an, dass Sie stolzer Besitzer einer derartigen Anlage wären.

Was wäre aber, wenn Ihr Stromspeicher nicht ausreichend elektrische Energie gespeichert hätte, weil sich die Sonne beispielsweise zuvor tage- oder gar wochenlang verkrochen hätte und/oder Ihnen auch eine Windflaute den Spaß verderben würde? In diesem Fall würde Ihnen selbst die tollste Anlage nichts nützen. Zudem wäre der Heizungsbetrieb möglicherweise nicht mehr gewährleistet, weil auch bei Öl- oder Gasheizungen Strom für den Betrieb des Heizungsbrenners und der Umwälzpumpe benötigt wird. Doch das hatte ich ja bereits an anderer Stelle erwähnt.

Und dass selbst die tollste Fotovoltaikanlage und/oder der Speicher jederzeit störungs- oder schadensbedingt ausfallen können und altersbedingt auch mal erneuert werden müssen, sollte zumindest nicht unerwähnt bleiben. Das gilt natürlich auch für ein Windrad.

So gesehen müssten Sie sich dann mit einer elektrischen Nulldiät abfinden.

Doch ich kann Sie in dieser Hinsicht beruhigen. Ein Abkoppeln vom öffentlichen Versorgungsnetz scheidet insofern aus, weil hierfür ein (kostenpflichtiger) Anschluss- und Benutzungszwang[22] besteht. Umso mehr müssten Sie sich also mit der Frage beschäftigen, ob sich eine derart aufwändige Anlage unter Berücksichtigung aller Aspekte trotz staatlicher Zuschüsse auf Dauer gesehen tatsächlich für Sie rechnen würde. Auch das möchte ich unkommentiert lassen.

Für stolze Besitzer eines Wochenendhauses, das nicht ans öffentliche Versorgungsnetz angeschlossen ist, wäre eine autarke Grundversorgung mit Energie in relativ geringem Umfang mittels Solarkollektoren und/oder einem kleinen Windrad dagegen durchaus erwägenswert.

Doch nicht nur beim Wochenendhaus, sondern überall dort, wo ein Energiebedarf besteht und kein Anschluss ans öffentliche Versorgungsnetz möglich ist, können regenerative Energieerzeuger ihre Vorteile konkurrenzlos unter Beweis stellen.

---

[22] https://de.wikipedia.org/wiki/Anschluss-_und_Benutzungszwang

Wohin mit der ganzen Sonnen- und Windenergie?

Größere Photovoltaikanlagen[23] und Windparks[24] zur öffentlichen Energieversorgung sind in den letzten Jahren wie Pilze aus dem Boden geschossen, und Hausdächer werden insbesondere in Neubaugebieten mit Solarpanels zuhauf „geschmückt". Ob dies allerdings eine optische Bereicherung darstellt, wage ich angesichts der ausufernden Zahl an Wäldern aus Windrädern und riesigen Solarfarmen in der Landschaft zu bezweifeln. Aber das ist natürlich Geschmackssache. Viel wichtiger aus Sicht der ansonsten durchaus gerne auch gegen optische Umweltverschmutzung kämpfenden Ökologen ist wohl, dass uns derartige Anlagen (scheinbar) kostenlos mit elektrischer Energie beliefern.

Regenerative Anlagen zur Stromerzeugung auf Basis von Windkraft oder Sonnenenergie weisen zunehmend höhere elektrische Leistungen auf, die im zwei- oder zuweilen sogar im dreistelligen Megawattbereich (MW) liegen können. Im Vergleich zu Kernkraft- oder Kohlekraftwerken ist das zwar nur ein relativ geringer Bruchteil, aber dennoch ein großes Problem, was die Abführung

---

[23] https://de.wikipedia.org/wiki/Photovoltaikanlage
[24] https://de.wikipedia.org/wiki/Windpark

über das öffentliche Stromnetz betrifft. Je nach Leistung ist hierfür ein Anschluss an das Mittelspannungs- oder gar an das Hochspannungsnetz erforderlich, der zu stark schwankenden und entsprechend hohen zusätzlichen Strombelastungen führt. Ich möchte daher nochmals auf den Vergleich zwischen dem Stromnetz und dem Straßennetz im Kapitel „Grundsätzliches zum Thema elektrische Energieversorgung" zurückkommen. Stellen Sie sich bitte vor, eine Landstraße oder eine Bundesstraße, die für ein definiertes Verkehrsaufkommen konzipiert wurde, würde in einem bestimmten Streckenabschnitt zu unregelmäßigen Zeiten mit einem zusätzlichen und unterschiedlich hohen Verkehrsaufkommen belastet werden. Dass dies nicht gerade einem ungehinderten Verkehrsfluss dient, sondern vielmehr zu Beeinträchtigungen, Engpässen oder gar zu einem Stau führen kann, bedarf sicherlich keiner näheren Erläuterung. Und ähnliche Probleme können auch in Teilen des Stromnetzes auftreten, wenn relativ hohe Ströme aus Windparks und Solarfarmen zusätzlich eingespeist werden, die die bestehenden Leitungen nicht verkraften können. Dies erfordert daher entweder eine darauf ausgerichtete Netzverstärkung oder das Abschalten anderer Energieerzeuger. Beides kostet allerdings nicht wenig Geld, denn das Drosseln oder Abschalten eines konventionellen Kraftwerkes wegen des gesetzlich verankerten Vorrangs für regenerative Energie beispielsweise macht dessen Betrieb zwangsläufig unwirtschaftlicher.

Ich möchte es anhand eines simplen Beispiels noch etwas mehr verdeutlichen. Wenn Sie sich ein Auto anschaffen würden, um damit alle notwendigen beruflichen und privaten Fahrten zu erledigen, Ihnen die Nutzung Ihres Fahrzeugs jedoch zu unbestimmten Zeiten ganz oder teilweise verwehrt werden würde und Sie stattdessen auf ein anderes Verkehrsmittel umsteigen müssten, dann würde das die Rentabilität Ihres Fahrzeugs deutlich mindern. Trotzdem könnten Sie aber nicht ganz auf Ihr Fahrzeug verzichten, weil das andere Verkehrsmittel nicht immer beziehungsweise nur unregelmäßig zur Verfügung stünde. Wenn man zudem noch insgesamt höhere Kosten für diese Alternative in Kauf nehmen müsste, wie das beim Strom mit der EEG-Umlage[25] der Fall ist, würde sich die Freude von Autofahrern wohl eher in Grenzen halten, oder?

Erschwerend kommt noch hinzu, dass in Zeiten eines Überschusses an regenerativ erzeugtem Strom, was durchaus nicht selten der Fall ist, dieser ungeachtet des fehlenden Eigenbedarfs oder wegen unzureichender Speicherkapazitäten dennoch abgeführt werden muss, weil das Leitungsnetz bekanntlich keine Energie speichern kann.

Es gibt zwar Energieversorger im Ausland, die

---

[25] https://de.wikipedia.org/wiki/Erneuerbare-Energien-Gesetz#EEG-Umlage

bereit sind, diesen abzunehmen, allerdings nicht, um dafür Geld zu bezahlen, sondern sich, Sie werden es kaum glauben, sogar noch dafür bezahlen zu lassen, dass man Ihnen Strom schenkt. Mit anderen Worten, wir müssen für unsere Stromgeschenke auch noch selbst in die Tasche greifen. Man bezeichnet diesen überaus verbraucherfreundlichen Deal als negativen Strompreis[26].

Und was machen die im Ausland mit unserem kostenlosen und obendrein noch in Geldscheinen verpackten Strom? Ganz einfach, sie nutzen ihn und mindern damit ihre eigenen Stromerzeugungskosten. Mit dem geschenktem Strom lässt sich sogar noch richtig gut Geld verdienen, zum Beispiel, wenn man diesen nutzt, um damit in einem Pumpspeicherkraftwerk[27] Wasser vom unteren Tiefbecken ins obere Speicherbecken zu befördern, um damit bei Spitzenlastbedarf entsprechend wertvollen und teuren Spitzenstrom zu erzeugen, mit dem natürlich auch Spitzenpreise zu erzielen sind. Schon toll, was unsere ausufernde regenerative Energieerzeugung so alles bewirkt, finden Sie nicht auch? Die Frage, wer diese überaus sinnvolle ökonomische Energieversorgung letztlich bezahlt, ist schnell beantwortet. Wir alle

---

[26] https://de.wikipedia.org/wiki/Stromhandel#Negative_Strompreise
[27] https://de.wikipedia.org/wiki/Pumpspeicherkraftwerk

als von der öffentlichen Energieversorgung abhängige Verbraucher. Wer sonst?

Könnte man denn nicht den Strom in größeren Mengen speichern und bei entsprechendem Bedarf selbst nutzen, mag sich der eine oder andere vielleicht fragen. *Im Prinzip ja, aber* ... würde Radio Eriwan wohl darauf antworten. Ein gigantisch großer Aufwand für die Errichtung einer Vielzahl entsprechend großer und leistungsfähiger Speicheranlagen und ein zwangsläufig damit verbundener Netzausbau wäre die unausweichliche Folge, wobei diese Anlagen gleichermaßen die notwendige Kapazität für die Speicherung elektrischer Energie und des erforderlichen Leistungsbedarfs abdecken müssten. Selbst wenn Speicherkapazitäten nur für einen Teil der jährlichen Stromerzeugung[28] in einer Größenordnung von 600 Terrawattstunden (600 Billionen Wattstunden) beziehungsweise der Spitzenleistung von über 80 Gigawatt (80.000 MW bzw. 80 Millionen kW) ausgelegt würden, wären damit erhebliche Kosten und entsprechend hohe Strompreise zwangsläufig verbunden. Dass unsere Strompreise durch die zunehmende Nutzung regenerativer Energie bereits jetzt mit zu den teuersten im weltweiten Vergleich zählen, sei hier nur ergänzend erwähnt.

Noch ein wichtiger Aspekt: Bei konventionellen Kraftwerken wird Energie in Form von

---

[28] https://de.wikipedia.org/wiki/Stromerzeugung

Brennstoffvorräten für Kohle, Öl oder Gas etc. zwar auch gespeichert, allerdings - und das ist der entscheidende Unterschied - <u>vor</u> der Umwandlung in elektrische Energie. Insofern ist ein Nachschub an Brennstoffen jederzeit problemlos möglich. Bei einem elektrischen Speicher, der Energie erst <u>nach</u> der Stromerzeugung speichert, sieht das jedoch völlig anders aus, denn wenn der sich leert, kann man nur hoffen, dass die Sonne möglichst lange möglichst kräftig scheint und dass der Wind möglichst lange heftig bläst, um den Speicher so schnell es geht wieder aufzufüllen. Allerdings reden wir in beiden Fällen dennoch nur über einen Bruchteil der übers Jahr möglichen Nutzungsdauer, wie in Kapitel „Sonne und Wind lassen sich nicht regeln" bereits ausführlich dargelegt worden ist.

Über die öffentliche Energieversorgung aus regenerativen Energiequellen bietet der Büchermarkt durchaus umfangreiche Lektüre, wobei der Fokus dort primär auf deren Vorteile ausgerichtet ist, während die Restriktionen nicht selten unerwähnt bleiben oder auch gerne als übertrieben bzw. als unzutreffend dargestellt werden. Man sollte beim Bücherangebot berücksichtigen, dass derartige Werke gerne von uneingeschränkten Befürwortern einer regenerativen Energienutzung mit einer rosaroten Brille auf der Nase verfasst wurden. Selbst mit fundierten kritischen Anmerkungen lassen sie sich unter keinen Umständen von ihren edlen Zielen auf dem Pfad der Ener-

giewende-Tugend abbringen. Die ach so umwelt-
und sicherheitsgefährdende herkömmliche Energieversorgung gilt es nun mal, mit allen Mitteln
zu bekämpfen. Dazu noch etwas mehr im nächsten Kapitel.

Kraftwerke auf Basis von Kernenergie und fossilen Brennstoffen

... sind des Teufels. So denken und argumentieren viele, die mit selbst gebastelten grünen Heiligenscheinen diese Techniken buchstäblich um jeden Preis zu bekämpfen versuchen. Die Angst vor Reaktorunfällen und den möglichen Folgen einer Endlagerung ausgebrannter Kernelemente lässt sich aus vielen Köpfen nicht verdrängen, unabhängig davon, ob und in welchem Ausmaß sie in Deutschland begründet ist. Hierauf näher einzugehen, erspare ich Ihnen und mir. Selbst der Hinweis, dass in deutschen Anlagen seit Jahrzehnten keine diesbezüglichen Probleme aufgetreten sind, würde daran sicherlich nicht das Geringste ändern.

Dass auch Kohle, ebenso wie Biomasse, Erdöl und Gas, letztlich nichts anderes als gespeicherte Sonnenenergie ist, hält die Gegner konventioneller Kraftwerke von ihrem Widerstand keineswegs ab. Dass die Gewinnung fossiler Brennstoffe nicht unerhebliche Eingriffe in Natur und Landschaft zur Folge hat und deren Verbrennung mit entsprechenden Umweltbelastungen verbunden ist, lässt sich allerdings auch nicht bestreiten.

Ein überzeugter Kämpfer gegen diese bösen Energieformen schmückt sich daher nicht selten damit, dass bei ihm zuhause selbstverständlich nur grüner Ökostrom[29] aus regenerativen Energiequellen fließen darf, selbst dann, wenn er beispielsweise als Mieter über keine eigene Photovoltaikanlage auf dem Dach verfügt. Zum Beweis hält er jedem einen entsprechenden Liefervertrag vor die Nase. Doch was hat es damit eigentlich auf sich? Allenfalls wenig, um es salopp zu formulieren, denn Strom, der aus dem öffentlichen Verbundnetz kommt, ist immer ein Mix aus Kernkraftwerken sowie konventionellen und regenerativen Kraftwerken. Das wäre nur dann nicht der Fall, wenn man unmittelbar und ausschließlich über eine Stichleitung aus einer Ökostromanlage versorgt werden würde.

Zum besseren Verständnis hierzu möchte ich nochmals auf die Prinzipskizze des kleinen Wasserversorgungsnetzes im zweiten Kapitel zurückgreifen. Das mit Wasser gefüllte Leitungsnetz ist in dieser prinzipiellen Darstellung durch die Farbe blau symbolisiert, obwohl Leitungswasser bekanntlich klar und farblos ist, egal aus welcher Wasserquelle es eingespeist wird.

---

[29] https://de.wikipedia.org/wiki/Ökostrom

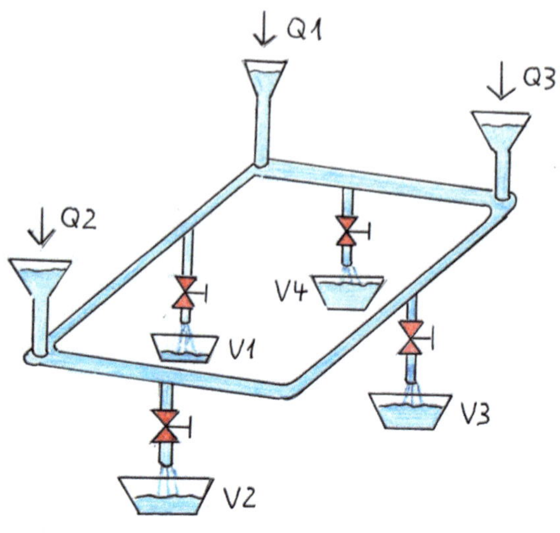

Doch bleiben wir einfach mal bei diesem Farb-
beispiel und nehmen an, dass in das Wassernetz
aus einer der drei Quellen Q1 - Q3 ausschließlich
grün gefärbtes Wasser eingespeist werden würde.
Ein höchst unappetitlicher Gedanke, aber hier
geht es auch nur ums Prinzip. Nehmen wir einfach willkürlich dafür die Quelle Q1 an. An welcher der Entnahmestellen V1 - V4 könnte man
Ihrer Meinung nach dann ausschließlich grünes
Wasser oder ausschließlich blaues Wasser entnehmen? *Blöde Frage, natürlich an keiner*, würden Sie mir darauf vermutlich zur Antwort geben.
Vollkommen richtig, weil sich das blaue mit dem
grünen Wasser vermischen würde und man, wo

auch immer, nur mehr oder weniger blau-grün gefärbtes Wasser entnehmen könnte.

Nicht anders verhält es sich auch mit dem Strom im elektrischen Verbundnetz. Ungeachtet dessen, dass dieser nicht nur farblos, sondern auch unsichtbar ist, gilt, dass man aus dem elektrischen Verbundnetz keine erwünschte „Stromart" entnehmen oder herausfiltern kann. Die vermeintlichen Abnehmer von so genanntem grünem Strom, oder besser gesagt Ökostrom, unterstützen zwar mit Ihren Verträgen den verstärkten Ausbau von Anlagen zur regenerativen Energieerzeugung, „verbraten" tatsächlich aber genau so auch den verhassten Kernkraft- und Kohlestrom etc. wie jeder andere auch.

Nicht nur das, auch der zunehmende Widerstand gegen deutsche Kernkraftwerke und Kraftwerke auf Basis von fossilen Brennstoffen ist letztlich nicht viel mehr als ein Schaukampf. Selbst wenn wir ausnahmslos alle entsprechenden Kraftwerke in Deutschland außer Betrieb nehmen würden, würden wir dennoch zur Sicherstellung übers ganze Jahr im jederzeit notwendigen Umfang zwangsläufig entsprechenden Strom beziehen müssen. Damit wären wir zur Sicherung unseres Energiebedarfs letztlich noch weitaus mehr als bisher auf Strom aus dem Ausland angewiesen, der bekanntlich in Frankreich in hohem Maß aus Kernkraftwerken stammt. Auch mehr Kohlestrom aus Polen beispielsweise würden wir wohl zur Sicherstellung unserer Energieversorgung verstärkt einkaufen müssen, aus ausländischen Anlagen also, die zum Teil bei weitem nicht die Sicherheits- und Umweltstandards deutscher Anlagen erfüllen. Ganz schön verrückt, oder? Nur hört, sieht und liest man darüber relativ wenig, ganz im Gegensatz zu wunderschönen Erfolgsgeschichten über grüne Energien.

Doch wie sieht es eigentlich beim nicht minder interessanten Thema Elektromobilität aus? Im nächsten Kapitel möchte ich auch darauf noch etwas näher eingehen.

Elektromobilität - Fluch oder Segen?

Fast lautlos, wie von Geisterhand getrieben, bewegen sich Elektrofahrzeuge[30] voran und schonen mangels Abgasen zudem auch noch die Umwelt. Als Segen für die Menschheit werden sie daher von Ökologen auserkoren, insbesondere in Deutschland. Doch sind sie tatsächlich so segensreich?

Elektrisch angetriebene Fahrzeuge waren übrigens Vorläufer von Fahrzeugen mit Verbrennungsmotoren und hatten ihre beste Zeit Ende des 19. bis Anfang des 20. Jahrhunderts[31], bis sie von den stinkenden und lauten Spritfressern verdrängt wurden. Warum wohl? Ganz einfach, weil diese nicht nur eine weitaus höhere Zuverlässigkeit und Reichweite, sondern auch relativ günstige Preise für Dieselkraftstoff und Benzin boten. Argumente, die auch in der heutigen Zeit der Retro-Elektromobile durchaus noch ihre Gültigkeit haben.

Selbst beachtliche Weiterentwicklungen im Bereich der elektrischen Batteriespeicher vermögen das grundsätzliche Problem, dass sich elektri-

---

[30] https://de.wikipedia.org/wiki/Elektrofahrzeug
[31]

https://de.wikipedia.org/wiki/Geschichte_des_Elektroautos

sche Energie nun mal nicht annähernd so effizient speichern lässt wie andere Energieformen, letztlich nicht zu eliminieren. Mit einem 40-50 Liter-Kraftstofftank in einem konventionellen Fahrzeug können sie, je nach Motorausstattung und spezifischem Verbrauch einige hundert Kilometer weit fahren, auch in der kalten und dunklen Jahreszeit. Und wenn der Tankinhalt zur Neige gehen sollte, füllen Sie ihn an der nächstgelegenen Tankstelle in ein paar Minuten wieder auf. Kein Problem also, zumal das Tankstellennetz in Europa gut ausgebaut ist. Und an Treibstoff-Ballast inklusive Tankgewicht schleppen Sie bei einem handelsüblichen Pkw nur etwa einen Zentner mit sich herum.

Doch wie sieht das bei einem E-Auto aus? Bis zu Faktor zehn, was das Batteriegewicht anbetrifft, mitunter auch mehr, je nach Fahrzeugtyp. Allerdings spricht für ein Elektroauto[32] ein weitaus geringerer Energiebedarf, bezogen auf den reinen Fahrbetrieb. Bei der Stromerzeugung in herkömmlichen Kraftwerken kann jedoch nur ein bestimmter Anteil der im Brennstoff enthaltenen Energie in elektrische Energie umgewandelt werden, in der Regel deutlich weniger als die Hälfte. Insofern würde es Elektrofahrzeugen sicherlich gut stehen, wenn man sie ausschließlich mit regenerativ erzeugter Energie laden könnte. Wünschenswert wäre es jedenfalls.

---

[32] https://de.wikipedia.org/wiki/Elektroauto

Als groben Anhaltswert kann man von einem Energiebedarf für ein herkömmliches Elektroauto von etwa 15 - 20 kWh (entsprechend ca. 2 Liter Kraftstoff) auf hundert Kilometern ausgehen, was bei einem durchschnittlichen Strompreis von 30 Cent pro kWh ungefähr 5 - 6 € pro hundert Kilometer entsprechen würde. An öffentlichen Ladesäulen liegen die Preise allerdings zum Teil deutlich darüber. Bei einem Verbrennungsmotor mit einem Verbrauch von beispielsweise 8 - 10 Litern Kraftstoff kommen Sie in Abhängigkeit vom jeweiligen Spritpreis beim Preisvergleich etwa auf das Doppelte an Spritkosten pro 100 Kilometer. Diese pauschalen Angaben können im konkreten Einzelfall jedoch deutlich nach unten oder nach oben abweichen.

Elektroautos mit Reichweiten pro Batterieladung ab 300 km sind ab etwa 30.000 - 35.000 € zu haben, wobei zum Teil auch deutlich höhere Preise zu Buche schlagen können. Aber auch günstigere Angebote von relativ unbekannten Herstellern sollen nicht unerwähnt bleiben. Allerdings sind Angaben zu deren Reichweite eher rein theoretischer Natur. Die tatsächliche Fahrleistung weicht in Abhängigkeit von der Lebensdauer der Batterie, von der Witterung und vom über den reinen Fahrbetrieb hinausgehenden Bedarf an Energie, beispielsweise für die Innenraumheizung sowie für Scheibenwischerbetrieb, Licht, Radio etc., davon zum Teil deutlich nach unten ab.

Ob sich die Mehrkosten im Gegensatz zu einem vergleichbaren konventionellen Fahrzeug über die Lebensdauer tatsächlich rechnen? Ich lasse auch diese Antwort bewusst offen, gebe jedoch zu bedenken, dass hierbei nicht nur die Einsparung an Treibstoffkosten, sondern auch die begrenzte Lebensdauer der Fahrzeugbatterie und die Kosten für deren Ersatz in eine Vergleichsrechnung einbezogen werden müssten. Weitaus schwerwiegender fallen dagegen die nachfolgenden Aspekte ins Gewicht.

Aufladen ... und kein Ende

Eine weiträumige oder großflächige Nutzung von Elektrofahrzeugen würde den entsprechenden Ausbau eines bundesweiten Tankstellennetzes zum Aufladen von Elektrofahrzeugen voraussetzen, und das parallel zum bestehenden Tankstellennetz für Verbrennungsfahrzeuge. Die Höhe der damit verbundenen Investitionskosten vermag ich nicht ansatzweise abzuschätzen. Doch wer das alles bezahlen soll, zumindest darauf könnte ich Ihnen eine Antwort geben. Einmal mehr würde die „Melkkuh Autofahrer" zur Kasse gebeten werden, was ähnlich wie bei den Kosten für Ökostrom selbstverständlich für alle Autofahrer gelten würde, also auch für solche mit Verbrennungsmotoren.

Nehmen wir dennoch einfach mal an, dass wir in Deutschland überall genügend „Elektrotankstellen" vorfinden würden. Würde das auch gleichermaßen für das Ausland gelten? Ich lasse auch diese Frage bewusst unbeantwortet. Nur so viel dazu: Mir persönlich wäre eine längere oder weitere Fahrt mit einem Elektroauto außerhalb Deutschlands viel zu riskant.

Doch beschränken wir uns bei unserem Gedankenspiel einfach auf das Inland und unterstellen ein flächendeckendes Tankstellennetz für vierrädrige Stromer. Ein Tankstopp bei einem

Fahrzeug mit Verbrennungsmotor beschränkt sich üblicherweise auf ein paar Minuten, bis der Tank gefüllt ist und man sich damit über Hunderte von Kilometern weiterbewegen kann. Wie sähe das aber an einer E-Tankstelle aus?

Bei einer angenommenen mittleren Ladekapazität für den Fahrzeug-Akku zwischen 40 und 50 kWh bräuchte man an einer üblichen Haushaltssteckdose über 10 Stunden zum kompletten Aufladen. Zu Hause mag das ja noch angehen, sofern man das Fahrzeug immer nur über Nacht aufzuladen brauchte. Aber wenn man unterwegs ist und zügig vorankommen will, was dann? Zum Glück geht das Laden deutlich schneller mit einer sogenannten Wandladestation, auch Wallbox[33] genannt. Wenn diese über einen Drehstromanschluss verfügt, lässt sich die Ladezeit auf etwa zwei bis drei Stunden verkürzen. Das würde ungeduldige Autofahrer wie mich allerdings kaum glücklicher machen.

Selbst mit professionellen Ladestationen[34] lassen sich, entsprechende Kompatibilität zwischen Fahrzeug und Station für eine Hochleistungsladung vorausgesetzt, schnelle Tankstopps wie bei Fahrzeugen mit Verbrennungsmotoren nicht annähernd erreichen. Wenn dann noch einer vor Ih-

---

[33] https://de.wikipedia.org/wiki/Wandladestation

[34] https://de.wikipedia.org/wiki/Ladestation_(Elektrofahrzeug)

nen tankt oder Sie sich gar in eine Fahrzeugschlange einreihen müssten ... nicht auszudenken.

Erst richtig seinen Lauf nehmen würde das Unheil aber bei einem längerem Stau, sei es durch eine Baustelle, einen Unfall oder was auch immer. Dass wir damit in Deutschland „reich gesegnet sind", ist kein Geheimnis, „und das nicht nur zur Sommerzeit", darf man getrost anfügen. Nun stellen Sie sich bitte mal einen kilometerlangen Stau in der dunklen und kalten Jahreszeit vor, in den wir mit unseren Elektroflitzern geraten würden. Heizung an, weil es draußen bitter kalt ist, Beleuchtung an, weil es dunkel ist, Radio an, weil wir den Verkehrsfunk unbedingt hören wollen. Dass ein Akku die kalte Jahreszeit ohnehin nicht mag und das mit einem nicht unerheblichen Verlust an Ladekapazität quittiert, dürfte jedermann hinlänglich bekannt sein. Wenn der Akku zudem bereits mehr oder weniger entladen ist, dann blühen den stolzen E-Auto-Besitzern unter Umständen zwar abenteuerliche, aber keineswegs angenehme Übernachtungen in ihren vierrädrigen Prunkstücken. Wie diese brachliegende und damit den Verkehr völlig blockierende Elektrokarawane wieder möglichst schnell in Gang gesetzt werden könnte, dazu fehlt mir offen gestanden die Fantasie.

Andere Nutzungsmöglichkeiten

Ich möchte noch einmal zurückkommen auf meine Eingangsbemerkung, in der ich mich als Befürworter einer bestmöglichen Nutzung regenerativer Energiequellen bezeichnet habe. Möglicherweise werden Sie das anhand meiner bisherigen Ausführungen eher bezweifeln. Doch sie gilt unverändert. Und deshalb soll abschließend eine aus meiner Sicht prinzipiell interessant erscheinende Alternative oder Ergänzung zur verstärkten Energienutzung aus regenerativen Energiequellen nicht unerwähnt bleiben. Würde man beispielsweise erneuerbare Energieträger zur Erzeugung von Wasserstoff[35] einsetzen, könnte damit ein Energieüberschuss aus Anlagen zur regenerativen Energieerzeugung, der nicht im Stromnetz genutzt werden kann, zur Umwandlung in speicherbaren Wasserstoff[36] sowie zur Nutzung als Prozessgas in der Industrie[37], zum Beispiel in der Stahlindustrie, zum Einsatz kommen. Zudem wäre eine Umwandlung in flüssigen Wasserstoff möglich, der auch in Fahrzeugen mit Wasserstoffantrieb[38] zum Einsatz kommen könnte. Aber

---

[35] https://de.wikipedia.org/wiki/Wasserstoff
[36] https://de.wikipedia.org/wiki/Wasserstoffspeicherung
[37] https://de.wikipedia.org/wiki/Industriegas
[38] https://de.wikipedia.org/wiki/Wasserstoffantrieb

auch hierfür wären nicht nur technisch ausgereifte Konzepte, sondern auch umfassende Kosten-Nutzen-Analysen mit entsprechend positiven Ergebnissen eine Grundvoraussetzung.

Insofern sind entsprechende Denkmodelle und erste erkennbare Ansätze, auch in diese vielversprechend erscheinende Technologie zu investieren, durchaus zu begrüßen.

Fazit

Man könnte zum Thema Energiewende sicherlich noch weitaus mehr ausführen, aber mir kam es in diesem Buch lediglich auf das Wesentliche an. Zum Schluss möchte ich daher noch einmal aus meiner Sicht die wichtigsten Aspekte hinsichtlich einer regenerativen Energienutzung stichpunktartig zusammenfassen.

- Sowohl die Sonne als auch der Wind sind nur zu einem relativ geringen zeitlichen Anteil im Verlauf eines Jahres zur Energieerzeugung nutzbar

- zudem unterliegen sie starken Schwankungen hinsichtlich ihrer Intensität

- der über das ganze Jahr bestehende Leistungs- und Energiebedarf in unterschiedlichem Umfang muss daher durch den zusätzlichen Einsatz anderer Kraftwerkstypen gedeckt werden

- ein noch so großer Zubau an Windkraft- und Solaranlagen vermag daran nichts zu ändern

- eine jederzeit gesicherte Energieversorgung setzt sowohl die ganzjährige Bereitstellung entsprechender Energiemengen als auch die Deckung des jeweils notwendigen Leistungsbedarfs voraus

- das elektrische Leitungsnetz kann als reines Stromtransportnetz keine elektrische Energie speichern

- elektrische Energie lässt sich wesentlich uneffektiver speichern als konventionelle Energieträger oder Kernbrennstoffe

- ein weiterer Ausbau der regenerativen Energieversorgung bei gleichzeitigem Rückbau von Kernkraftwerken und konventionellen Energieerzeugern würde einen aufwändigen und teuren Aus- bzw. Umbau des bestehenden Netzes sowie insbesondere die Installation hoher Speicherkapazitäten erfordern

- einer zunehmenden Elektromobilität stehen in Bezug auf relativ geringe Akkuspeicherkapazitäten und Reichweiten, witterungsbedingte Restriktionen, lange Ladezeiten und ein fehlendes flächendeckendes Tanknetz eine Reihe von schwerwiegenden Hindernissen entgegen

- unter diesen Aspekten erscheint eine stärkere Nutzung regenerativer Energiequellen zur Umwandlung in Wasserstoff durchaus wünschenswert

Wie Sie sehen, steckt auch bei den Themen Energiewende und Elektromobilität der Teufel im Detail, und Details gibt es hierbei jede Menge zu beachten. Ohne jemand den Spaß an einer Fotovoltaik- oder Windkraftanlage, an einem Speicher für elektrische Energie oder an einem Elektromobil nehmen zu wollen gibt es zumindest vieles dabei zu bedenken. Seien Sie daher im eigenen Interesse bitte kritisch und lassen Sie sich nicht von denen blenden, die die Vorteile dieser Technologien nur einseitig in blühenden Farben ausmalen, denn Licht und Schatten gibt es überall.

Gestatten Sie mir noch eine Schlussbemerkung. Das beste Mittel für eine optimale, ökologisch unbedenkliche und vor allem auch preiswerte Energieversorgung war, ist und bleibt eine höchstmögliche Energieeinsparung, und diesbezüglich gibt es jede Menge Ansatzpunkte. Bei weitem nicht jedes elektrische Gerät im Haushalt ist dringend erforderlich. Auch nicht jedes Gerät muss elektrisch betrieben sein. Wäsche lässt sich beispielsweise, wie früher üblich, auch auf einer Leine trocknen und zum Fensterputzen genügen ein Eimer warmes Wasser und ein Lappen anstelle eines elektrischen Dampfreinigers. Laub lässt sich auch ohne Laubbläser lautlos aufharken. Diese Aufzählung ließe sich problemlos fortsetzen. Auch darüber lohnt es sich daher mit Sicherheit, noch etwas intensiver nachzudenken.